KB198194

내 털에 이게 뭐지?

나의 첫 환경책 2

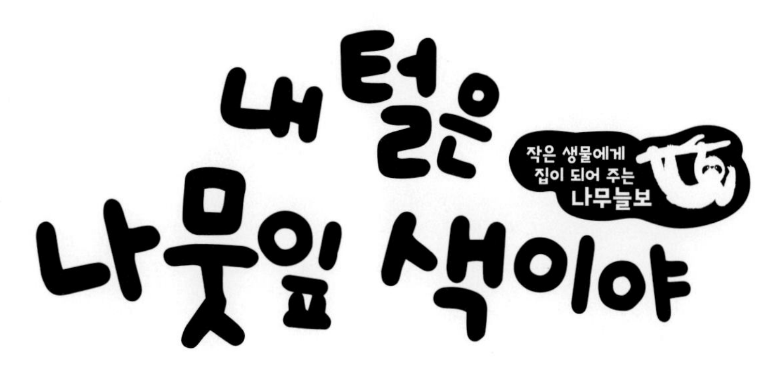

이지유 글 | 김슬기 그림

안녕?

내 이름은 렌또, 발가락이 세 개인 갈색목세발가락 나무늘보야.

눈 주위에 검은 털이 있어서 내 얼굴은 늘 웃는 것처럼 보여.

나는 주로 나무에 매달려서 지내는데,

세 발가락이 앞다리 뼈와 연결되어 있어서

아무리 오래 매달려 있어도 전혀 힘들지 않아.

그래서 나무에 매달린 채로 나뭇잎을 먹고 잠도 자.

나무늘보는 근육이 적고 심장도 늦게 뛰어서 움직임이 느려.

빨리 움직이고 싶어도 그렇게 할 수 없어.

하지만 바쁘게 살 필요가 없으니 느린 게 불편하지 않아.

내 얼굴은 나무늘보의 여유 있는 모습과 아주 잘 어울려.

나는 내 얼굴도, 내 털도 마음에 들어.

그런데 털에 이게 뭐지? 뭐가 잔뜩 묻었네.

예전에도 이랬나?

다음 날 아침에 일어났는데, 털에 뭐가 더 많이 붙어 있었어.
나는 털이 더러운 게 싫어서 열심히 털을 핥았지.
그래도 소용없었어. 날이 갈수록 털은 두꺼워지고 더러워졌어.

아, 나는 깔끔한 게 좋은데! 그래서 더 열심히 털을 핥았지.
어떤 날은 너무 정신없이 털을 핥느라 나뭇잎을 먹는 것도 잊었어.
며칠 동안 나뭇잎도 안 먹고 털만 핥다가 잠이 들고 말았지.

나는 밤마다 털을 고르는 꿈을 꾸었어.

자고 일어나면 털이 깨끗해져 있기를 바라며 잠이 들었고 말이야.

하지만 내 털은 날마다 더 더러워지고 더 무거워졌지.

아무리 핥아도 털에 낀 때가 사라지지 않았어.

나는 너무 속상해서 울었어.

"렌또. 왜 울어?"

어지간해선 말을 하지 않는 아르볼이 낮고 웅장한 목소리로 물었어.

아르볼은 내가 살고 있는 나무의 이름이야.

나는 아르볼 말고 다른 나무에서 살아 본 적이 없어.

아르볼은 내 집이고 내 친구야. 하나밖에 없는 내 친구.

"털에 자꾸 때가 끼어."

"하하하, 렌또.

원래 나무늘보의 털에는 이끼가 산단다."

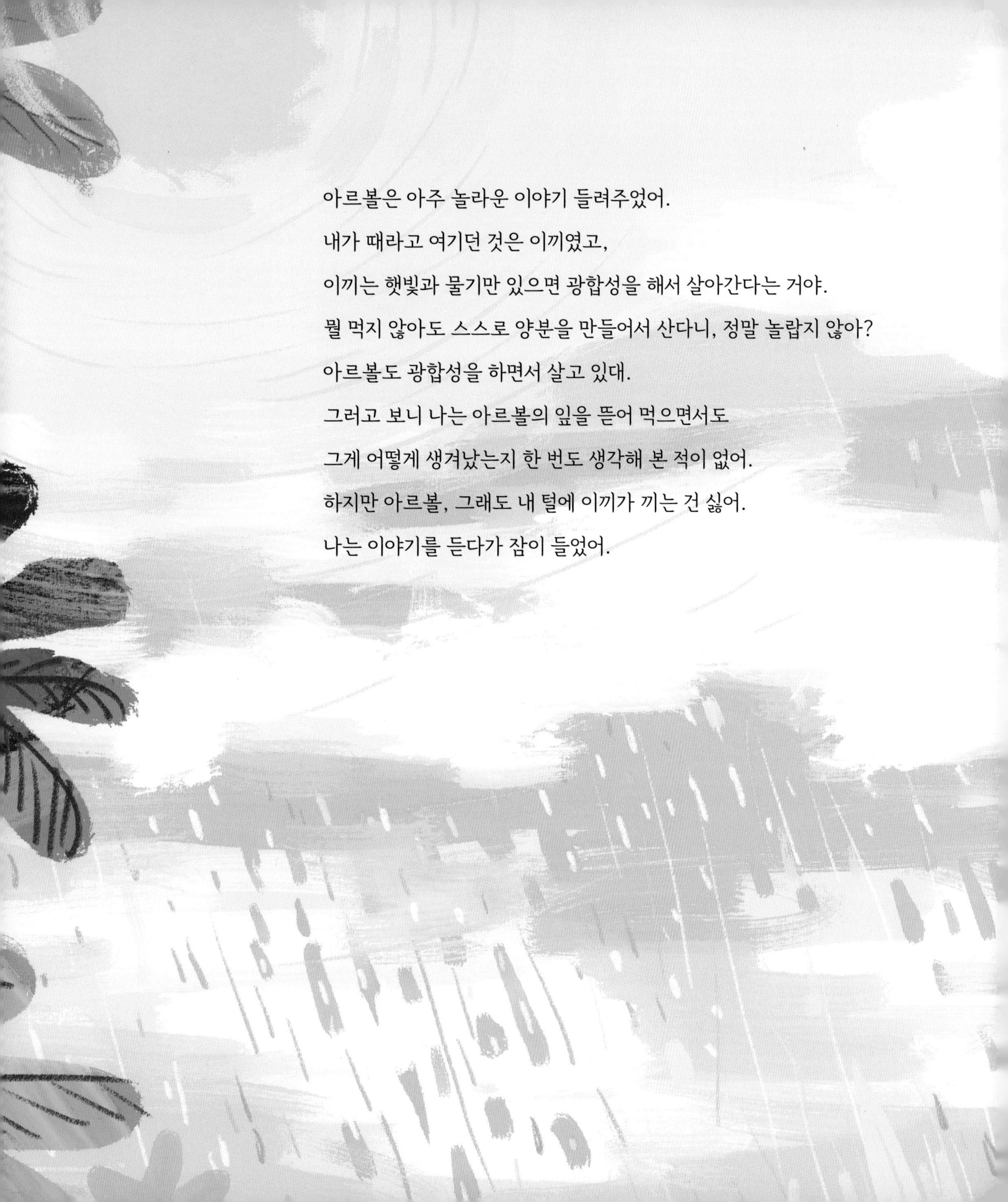

아르볼은 아주 놀라운 이야기 들려주었어.

내가 때라고 여기던 것은 이끼였고,

이끼는 햇빛과 물기만 있으면 광합성을 해서 살아간다는 거야.

뭘 먹지 않아도 스스로 양분을 만들어서 산다니, 정말 놀랍지 않아?

아르볼도 광합성을 하면서 살고 있대.

그러고 보니 나는 아르볼의 잎을 뜯어 먹으면서도

그게 어떻게 생겨났는지 한 번도 생각해 본 적이 없어.

하지만 아르볼, 그래도 내 털에 이끼가 끼는 건 싫어.

나는 이야기를 듣다가 잠이 들었어.

"렌또. 네 털에 사는 이끼 이야기를 더 해 줄게. 어서 일어나!"

아르볼이 낮은 목소리로 나를 깨웠어.

그러고는 이끼에 대해 아주 놀라운 사실을 알려 주었어.

"이끼는 초록색이라서 네 털도 초록색으로 보이게 될 거야.

그래야 네가 죽지 않고 살 수 있어."

그건 정말 이해하기 힘든 말이었어. 나는 초록색이 무슨 뜻인지 몰라.

나무늘보는 초록색을 구분할 수 없거든.

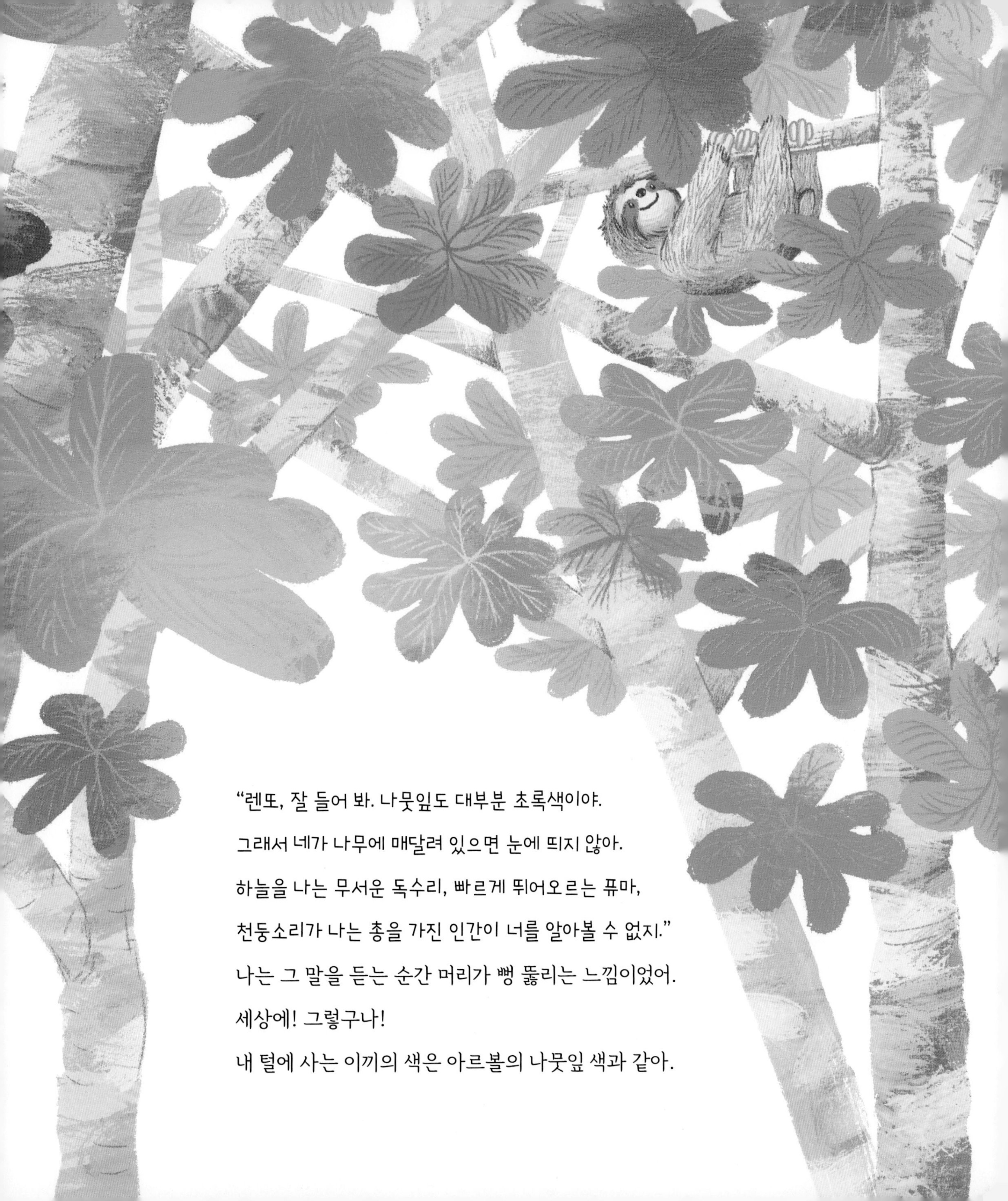

"렌또, 잘 들어 봐. 나뭇잎도 대부분 초록색이야.
그래서 네가 나무에 매달려 있으면 눈에 띄지 않아.
하늘을 나는 무서운 독수리, 빠르게 뛰어오르는 퓨마,
천둥소리가 나는 총을 가진 인간이 너를 알아볼 수 없지."
나는 그 말을 듣는 순간 머리가 뻥 뚫리는 느낌이었어.
세상에! 그렇구나!
내 털에 사는 이끼의 색은 아르볼의 나뭇잎 색과 같아.

나는 내 털에서 자라는 초록색 이끼에 대해 다시 생각했어.

이끼는 내 털에 자라면서 보호색이 되어 주는 거야.

이건 더러운 때가 아니라 나를 살려 주는 옷이야.

이런 사실을 알게 되니 털이 하늘거리지 않아도 기분이 나쁘지 않았어.

오히려 이끼가 빨리 자라서 털이 더 두꺼워지면 좋겠다고 생각했지.

더 놀라운 사실이 뭔지 알아?

내가 털을 핥을 때 나도 모르게 이끼를 먹는다는 점이야.

이끼나 나뭇잎이나 모두 광합성으로 만든 양분을 가지고 있어.

털을 핥으면 밥을 먹은 거나 마찬가지인 거지.

그러니까 내 털에 살고 있는 이끼는

내 옷인 동시에 내 식량이기도 한 거야.

세상에! 나는 내가 나무늘보라서 자랑스러워.

앞으로는 이끼를 싫어하지 않고, 이끼가 광합성을 잘할 수 있게

볕이 잘 드는 나뭇가지에 가만히 매달려 있을래.

하루는 털을 핥다가 힘들어서 졸고 있는데,

나방이 한 마리 날아왔어.

나방은 내 털 속으로 파고들며 귀찮게 굴었지.

나는 저리 가라고 팔을 휘둘렀지만, 나방은 계속 내 털 속으로 들어왔어.

이끼 때문에 어지러웠던 마음을 가라앉히고 좀 행복하게 살려는데,

웬 나방이 자꾸 귀찮게 구는 거야? 정말 하루도 편할 날이 없네.

"잠꾸러기야, 어서 일어나!
햇살이 이렇게 좋은데 왜 자고 있니?"
누가 나더러 잠꾸러기라는 거야?
나무늘보는 원래 잠이 많아. 넌 누구야?

"나는 뽈리야! 이제부터 네 털 속에서 살 거야."
뭐라고? 나는 너랑 살겠다고 한 적이 없는데?
난 아르볼과 이끼만 있으면 돼. 나방 따윈 필요 없어.

"나도 네가 딱히 좋은 건 아니야. 그런데 털에 이끼도 적당하고,

너랑 같이 살아야 할 것 같은 기분이 든달까.

너는 도대체 언제까지 잘 거니? 어서 일어나!

세상에 재미난 일이 얼마나 많은데."

아직 잠도 덜 깼는데, 말 많은 이 나방은 뭐야?

나는 나방을 떨치려고 다시 팔을 휘둘렀어.

"얘, 너무 그러지 마. 나는 너와 살아야 해.

원래 나무늘보는 나방이랑 사는 거야. 그렇죠, 아르볼 할머니?"

뭐? 나무늘보는 원래 나방이랑 산다고?

"발가락이 세 개 있는 렌또 같은 나무늘보는 나무늘보나방과 같이 살지."

"저 시끄러운 나방과 같이 살라고? 정말 싫어.

난 조용하고 느긋하게 사는 나무늘보야.

이끼까지는 참을 수 있지만 나방은 싫어!"

나는 있는 힘껏 소리쳤어.

어휴, 태어나서 이렇게 소리친 건 처음이야.

갑자기 너무 피곤해.

나는 악몽을 꾸었어.

나방 100마리가 날아와 내 털로 파고드는 꿈이었어.

가장 앞에서 날아오는 나방이 바로 그 말 많은 나방이었어.

나는 저리 가라고 외치면서 잠에서 깼어.

나방은 내가 정신을 차리기도 전에

엄청나게 빠르게 말했어.

“내가 네 털 속에다 똥을 누면

그 똥에 있는 양분 덕분에 이끼가 잘 자라.

이끼는 내 똥이 있어야 광합성을 더 잘할 수 있지.

내 덕분에 네가 더 좋은 이끼를 먹을 수 있다는 뜻이야.”

"뭐? 내가 너를 먹는다고?"

"아니, 아니야. 네가 나를 먹는 게 아니고,

영양가 있는 이끼를 먹는다고.

이끼의 영양가를 높여 주는 게 내 똥이고."

"뭐? 내가 네 똥을 먹는 거야?"

"아니, 아니야. 내 똥을 이용하는 건 이끼고,

너는 이끼를 먹는 거야."

"그게 그 말이잖아!"

내 털에는 이끼가 살고, 이끼를 먹고 똥을 누는 나방이 살고,

나방이 주는 비료 덕분에 이끼가 더 잘 자라고,

내가 가끔 간식으로 그 이끼를 먹어.

내 털과 이끼와 나방은 서로가 꼭 필요한 작은 세상이야.

뭔가 속에서 뭉클 솟아올랐어. 큰 깨달음을 얻은 느낌이었지.

이런 생각을 하며 뽈리야를 보니
내 털 사이를 드나들어도 전처럼 기분이 나쁘거나 화가 나지 않았어.
그래도 아무 일 없다는 듯이 대하기는 쑥스러워서 한마디 했지.
"아무튼 나는 네 똥은 안 먹는다."

그러자 털 사이에서 뽈리야와 뽈리야를 닮은 나방들이 고개를 내밀며 끄덕였어.
이런, 나방이 또 있어? 꿈이 사실이었어?
나는 나방 100마리와 사는 큰 세상이야.

오늘은 똥 누는 날이야.

8일에 한 번 나는 아주 천천히 나무 아래로 내려가서 볼일을 봐.

나무에서 내려왔을 때 퓨마를 마주치지 않도록 조심해야 해.

그런데 말이야. 조심한다고 내가 퓨마를 피할 수 있을지 잘 모르겠어.

퓨마를 보는 순간, 나는 죽은 거나 마찬가지 아닐까?

“렌또, 똥 누다 잠들면 안 돼!”

뽈리야가 내 귀에다 대고 소리쳤어.

똥을 누고 있는데, 낮고 따뜻한 목소리가 들렸어.

“렌또, 퓨마가 널 보고 있어.”

나는 너무 놀라서 얼른 나무 위로
도망가고 싶었지만 그럴 수 없었어.
내가 허둥대며 허공으로 팔을 느리게 내두르고 있을 때
뽈리야와 친구들이 내 털에서 나와 퓨마에게 달려들었어.

뽈리야는 퓨마의 눈을 공격했어.
퓨마는 소리를 지르며 달아났지.
나는 정신없이 나무 위로 올라왔어.
물론 한 시간이나 걸려서 말이야.
나는 너무 힘들어서 바로 잠이 들었어.

몇 시간이나 잤을까.
새소리에 눈을 떴어.
나는 나뭇가지에 느리게 손을 뻗어
잎을 한 장 뜯었어.
그리고 질겅질겅 느리게 씹었지.

그런데 오늘은 어제와 뭔가 다른 것 같아.
해가 하늘 높이 떴다 기울어질 때까지
나는 뭐가 달라졌는지 몰랐어.
해가 질 무렵에서야 깨달았지.
오늘 뽈리야가 한 번도 잔소리를
하지 않았다는 걸 말이야.

나는 내 털에 사는 나방들에게
뽈리야가 어디에 있는지 물었어.
모두 뽈리야를 못 봤다고 했어.
가만히 생각해 보니 퓨마를 만난 후로
뽈리야의 목소리를 들은 적이 없어.

그렇다면 퓨마와 싸운 뒤
내 털로 돌아오지 않았다는 말인데….
나는 그것도 모르고 쿨쿨 잠만 자고
온종일 나뭇잎을 씹었다니.
"뽈리야, 뽈리야! 어디 있니?"

다음 날 해가 뜨자 나는 느릿느릿 나무 아래로 내려갔어.

"렌또, 나무 아래는 위험해."

아르볼이 걱정스럽게 말했어.

나무 아래가 위험하다는 건 나도 알아.

하지만 날 구하려다 내 털로 돌아오지 못한 뽈리야를 그냥 둘 수는 없어.

나는 똥 무더기를 지나 퓨마가 있던 자리로 배를 밀며 나아갔어.

땅이 차갑고 배가 눌려서 기분이 나빴지만 꾹 참고 기어갔어.

그런데 어디가 어디인지 잘 모르겠어.

너무 피곤하기도 해. 그렇다고 이 위험한 땅바닥에서 잘 수는 없어.

바로 앞에 있는 나무가 퓨마와 싸우던 나방에 대해 이야기해 주었어.
퓨마는 눈을 공격하는 나방을 떼어 내려고 강으로 뛰어들었다는 거야.
그리고 강 반대편으로 가서 다시 돌아오지 않았대.
나는 물 냄새가 나는 곳으로 기어갔어. 한 번도 강에 가 본 적이 없는데,
내가 어떻게 물 냄새를 알고 있는 걸까? 정말 이상해.
드디어 강에 도착했어. 하지만 강에 들어가려니 겁이 덜컥 났지.
그래도 용기를 내어 강물로 들어갔어.

우아, 그런데 물속에서 움직이는 게 훨씬 쉬웠어.

팔을 한 번 저으니 몸이 앞으로 쑤욱 나갔어.

이렇게 빨리 앞으로 갈 수 있다니 정말 신기해.

내가 앞으로 나가니 다른 것들이 모두 뒤로 물러나.

퓨마가 된다는 건 어떤 느낌일지 갑자기 궁금해졌어.

퓨마는 엄청 빠르게 앞으로 가니까 세상이 엄청 빠르게 뒤로 가겠네.

물살이 내 몸을 가르는 것처럼 바람이 내 몸을 가르겠구나.

육지에서 달린다는 건 어떤 느낌일까?

뾸리야처럼 하늘을 나는 건 또 어떤 느낌일지 궁금해.

나는 강 반대편으로 기어올랐어.

다시 육지로 올라가는 건 무척 힘들었어.

예전에 땅 위를 기던 것보다 더 힘들었지.

갑자기 힘이 쭉 빠졌어.

앞으로 나가고 싶었지만 너무 졸려서 몸이 움직이질 않았어.

나는 그만 잠이 들고 말았어.

갑자기 한 번도 본 적 없는 밝은 불빛과 땅을 울리는 발자국 소리가 들렸어.
어디로 어떻게 도망쳐야 할지 몰라서 너무나 무서웠지.
그때 누군가 나를 번쩍 들어 올렸어.
나는 발버둥 쳤지만 소용없었어.
그러다가 지쳐서 나는 잠이 들었어.

“귀염둥이 나무늘보야, 일어났구나.”

“발가락이 세 개, 눈가에 귀여운 검은 반점이 있는 걸 보니 갈색목 나무늘보네요.”

“예, 맞아요. 털 속에 나방이 사는 걸 보니 틀림없어요. 하하하.”

나는 한 번도 들어 본 적 없는 이상한 소리가 들리고,

한 번도 맡아 본 적 없는 이상한 냄새가 나는 곳에서 눈을 떴어.

눈앞에는 발가락이 두 개인 나무늘보가 나를 빤히 보고 있었지.

“안녕? 여기는 길을 잃거나 엄마를 잃은 나무늘보를 보호하는 곳이야.

너는 어쩌다 길을 잃었니?”

두발가락 나무늘보는 여기까지 말하고는 침을 탁 뱉었어.

나는 여기까지 오게 된 여정을 두발가락 나무늘보에게 들려주었어.

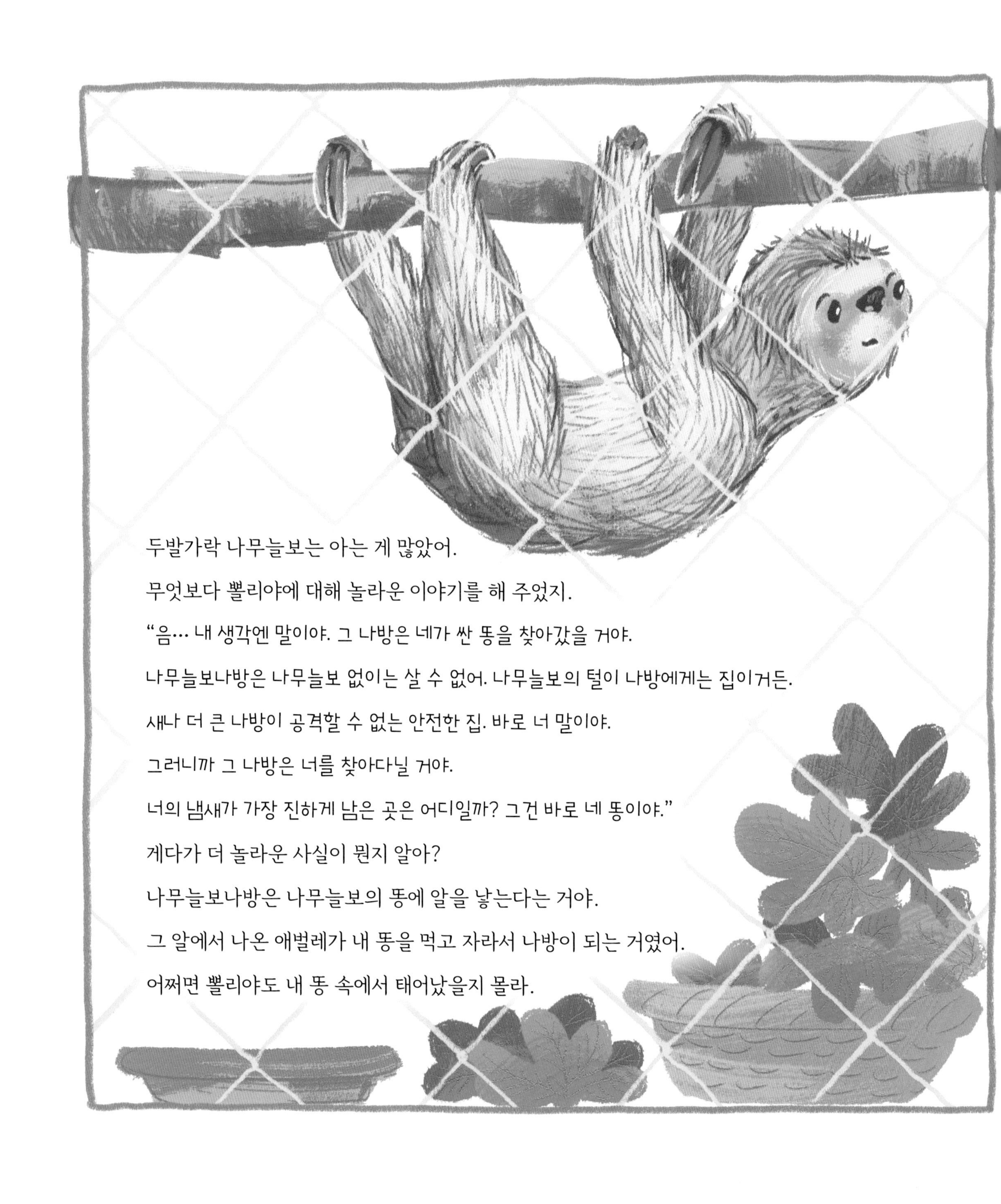

두발가락 나무늘보는 아는 게 많았어.

무엇보다 뽈리야에 대해 놀라운 이야기를 해 주었지.

“음… 내 생각엔 말이야. 그 나방은 네가 싼 똥을 찾아갔을 거야.

나무늘보나방은 나무늘보 없이는 살 수 없어. 나무늘보의 털이 나방에게는 집이거든.

새나 더 큰 나방이 공격할 수 없는 안전한 집. 바로 너 말이야.

그러니까 그 나방은 너를 찾아다닐 거야.

너의 냄새가 가장 진하게 남은 곳은 어디일까? 그건 바로 네 똥이야.”

게다가 더 놀라운 사실이 뭔지 알아?

나무늘보나방은 나무늘보의 똥에 알을 낳는다는 거야.

그 알에서 나온 애벌레가 내 똥을 먹고 자라서 나방이 되는 거였어.

어쩌면 뽈리야도 내 똥 속에서 태어났을지 몰라.

두발가락 나무늘보는 말을 이었어.

"뽈리야가 네 똥을 먹고 자랐는지는 확실히 알 수 없어.

나무늘보나방은 나방이 되어서 나무 꼭대기까지 날아오른 뒤

마음에 드는 나무늘보를 고르거든. 하지만 확실한 사실 하나는

뽈리야가 알을 낳을 때는 반드시 네 똥을 찾아갈 거야.

그러니까 너는 다시 네가 사는 나무로 돌아가야 해."

두발가락 나무늘보는 여기까지 말하고는 또 침을 탁 뱉었지.

나는 얼른 아르볼에게 돌아가고 싶었어.

그러던 어느 날, 인간들이 나를 철망 속에 넣었어.

그리고 배를 타고 강을 건넜지.

"이틀 전에 구조한 갈색목 나무늘보는 여기서 놓아주자고요."

"그러죠. 아마 이 강을 건너온 것 같으니 이제 집을 찾아갈 수 있을 거예요."

인간들은 철망을 열고 나를 풀어 주었어.

두발가락 나무늘보와 나는 조용히 작별 인사를 나누었지.

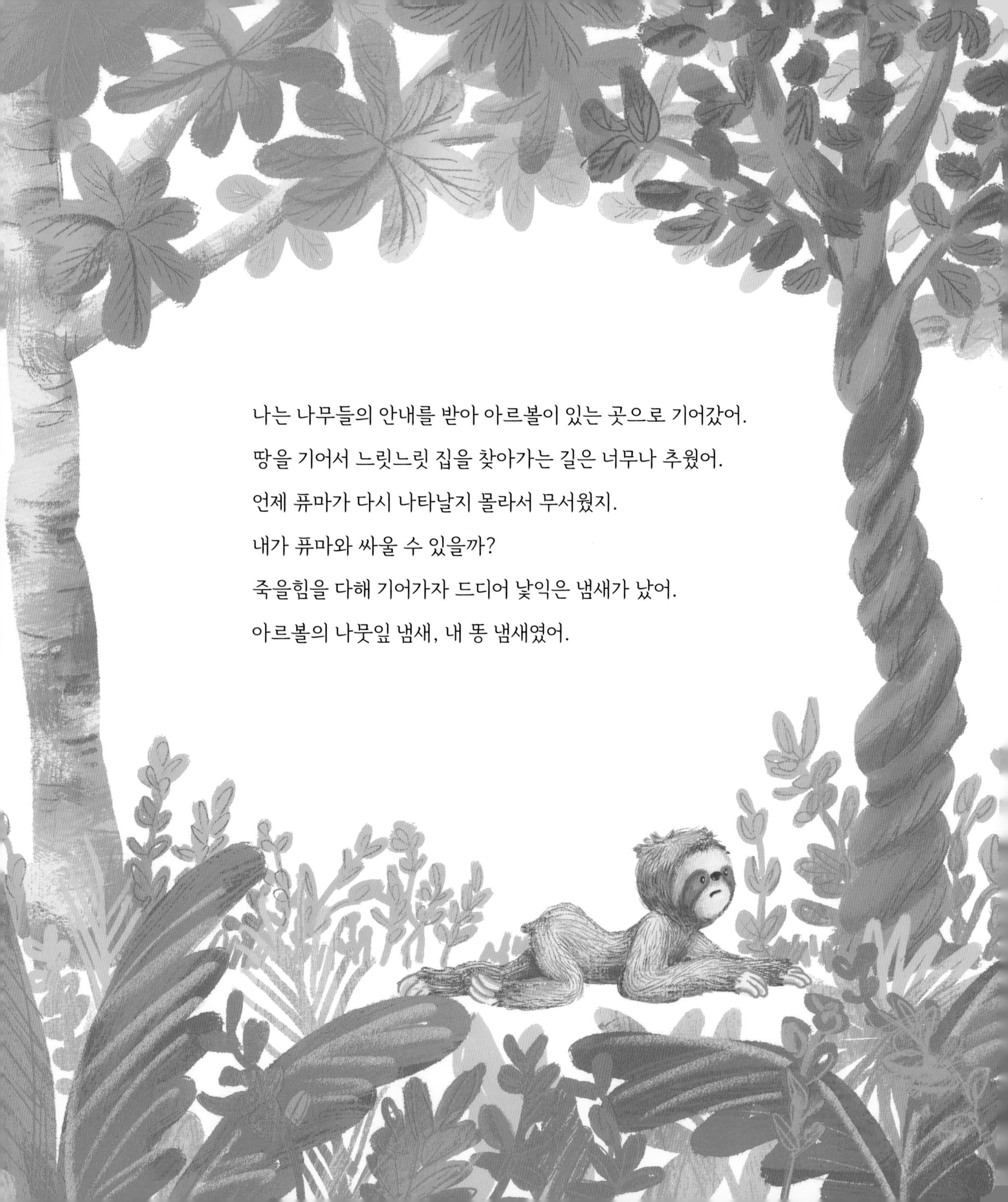

나는 나무들의 안내를 받아 아르볼이 있는 곳으로 기어갔어.

땅을 기어서 느릿느릿 집을 찾아가는 길은 너무나 추웠어.

언제 퓨마가 다시 나타날지 몰라서 무서웠지.

내가 퓨마와 싸울 수 있을까?

죽을힘을 다해 기어가자 드디어 낯익은 냄새가 났어.

아르볼의 나뭇잎 냄새, 내 똥 냄새였어.

“아르볼, 뽈리야! 나야. 내가 왔어!”

나는 팔을 휘두르며 소리쳤어.

“아이고, 렌또. 고생 많았어. 어서 와.”

아르볼이 기쁘게 나를 맞아 주었어.

그런데 뽈리야의 목소리가 들리지 않았어.

“아르볼, 뽈리야는 어디 있어?”

“이야기해 줄 테니 어서 나무 위로 올라와.”

“뽈리야는 네가 떠난 그날 돌아왔어. 그리고 네가 싼 똥에 알을 낳았지.”

“우아, 역시 돌아왔구나! 그런데 뽈리야는 어디 있어?”

아르볼은 한참 동안 말이 없었어.

“렌또. 나무늘보나방은 나무늘보가 싼 똥에 알을 낳아.

모든 에너지를 알 낳는 데 쓴단다. 그럼 할 일을 다한 거야.”

나는 그게 무슨 뜻인지 몰랐어.

“그래서 뽈리야는 어디 있는데?”

“뽈리야는 알을 낳고 하늘나라로 갔어.

대신 조금만 기다리면 뽈리야를 닮은 나방들이 너를 찾아올 거야.”

이럴 수가! 더는 뽈리야를 만날 수 없다니.

이렇게 빨리 헤어질 줄 알았다면 더 빨리 친구가 될걸.

나에게 정말 많은 걸 알려 준 친구였는데.

내 목숨을 살려 주었는데….

아, 너무 아쉬워.

나는 울다 잠이 들었어.

그날 밤 나는 꿈에서 뽈리야를 만났어.

뽈리야는 여전히 말이 많았어.

"내가 똥 누면서 자지 말라고 했지?"

뽈리야는 쉬지 않고 말했어.

나는 느긋하게 나뭇잎을 씹으며 뽈리야가 하는 이야기를 듣고 있었어.

기분 좋은 햇살과 바람이 가득했지.

보고 싶은 내 친구.

해는 다시 뜨고 나는 나무에 매달린 채 깨어났어.

털을 두어 번 핥고 나뭇잎을 천천히 씹었지.

가끔 나방이 털 밖으로 나왔다 들어가고 바람이 살랑살랑 불었어.

아, 졸려. 일어난 지 얼마 안 되었는데 또 졸리네.

"얘, 나무늘보야. 아침 햇살이 이렇게 좋은데 또 자니?
일어나! 세상에 재미난 일이 얼마나 많은데."
나는 깜짝 놀랐어. 졸음이 싹 달아났지.
저 빠르고 명랑한 말투, 뾜리야를 쏙 닮은 나방이야!
나는 나방을 반갑게 맞이했어.
"어서 와! 널 기다렸어."
이번엔 더 빨리 친구가 될 거야.

나의 첫 동물 탐구

느릿느릿 움직이는

나무늘보

동물 이름	나무늘보
크기	몸길이 50~60센티미터
먹이	나뭇가지, 나뭇잎, 새싹, 열매
분포 지역	중앙아메리카, 남아메리카
서식 장소	나무 위

1

나무늘보는 발가락이 세 개인 **세발가락나무늘보**와 두 개인 **두발가락나무늘보**로 나눌 수 있어요. 남아메리카의 열대 우림에는 모두 여섯 종의 나무늘보가 살고 있어요.

2

나무늘보는 이름처럼 아주 느려요.

먹는 것도 느리고 소화하는 것도 느려요. 주로 잎을 먹는데, 소화하는 데 3주 이상 걸려요. 음식이 몸 안에 머무는 시간이 길어서 몸무게의 37퍼센트가 뱃속에 든 음식의 무게랍니다.

갈색목 세발가락나무늘보

3

나무늘보는 나무에 매달려 지냅니다.

고리 모양으로 생긴 발톱을 나무에 걸고 거꾸로 매달린 채 먹고, 자고, 새끼를 낳아요.

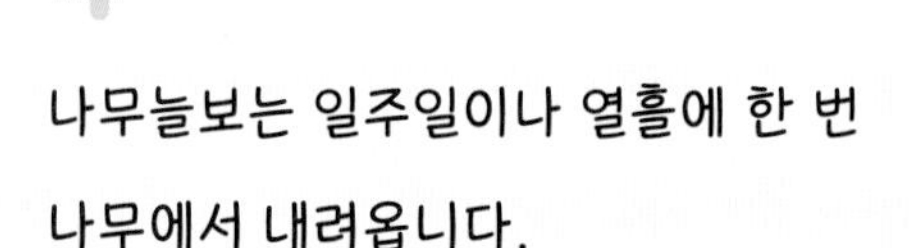

4

나무늘보는 일주일이나 열흘에 한 번 나무에서 내려옵니다.

똥을 누러 아주 천천히 느리게 나무에서 내려와요. 왜 나무에 매달린 채 똥을 누지 않는지 아무도 몰라요.

9

숲이 사라지면 나무늘보는 살 수 없어요.

나무늘보가 멸종 위기에 놓인 이유는 아주 단순해요. 그들이 살 숲이 사라지기 때문이에요.

8

두발가락나무늘보의 평균 수명은 자연 상태에서 20년으로 알려져 있어요.

사람이 돌보는 환경에서 살았던 두발가락나무늘보 한 마리는 43년이나 살기도 했어요.

린네 두발가락나무늘보

7

나무늘보의 털은 아주 작은 생태계예요.

미생물, 곤충, 균류, 조류가 나무늘보와 함께 살지요. 나무늘보는 이 생물들 덕분에 영양분을 보충하고, 나뭇잎과 구분되지 않는 보호색을 얻어요.

6

나무늘보의 조상은 코끼리만큼 컸어요.

일만 년 전, 남아메리카에서 살던 세발가락나무늘보 조상의 화석이 발견되었어요. 코끼리 크기의 메가테리움과 조랑말 크기의 메갈로닉스의 화석이었지요.

5

나무늘보는 수영선수예요.

육지에서는 너무나 느리지만, 물에만 들어가면 여느 동물 못지않게 수영을 잘해요. 가스로 가득 찬 배 덕분에 물에 잘 뜨고, 긴 앞다리로 물을 한 번 저으면 몸이 앞으로 쑥 나가지요.

다양한 생물이 살아가는 열대 우림

열대 우림은 1년 내내 따뜻하고 비가 많이 오는 덥고 습한 곳이에요.
그래서 키가 크고 잎이 넓은 나무가 푸른색을 띠며 숲을 이루고 있지요.
대표적인 열대 우림은 남아메리카에 있는 아마존 열대 우림이에요.
열대 우림에는 키가 다른 나무들이 층을 이루며 자라고 있어요.
키가 30미터에 이르는 나무는 열대 우림의 지붕과도 같아요. 이를 캐노피라고 해요.
캐노피 아래에는 키가 작은 나무들이 키 큰 나무 사이로 비치는 햇빛을 받으며 자라요.
어떤 식물은 키가 큰 나무를 타고 올라가 햇빛을 받기도 해요.
열대 우림에는 햇빛을 두고 경쟁하는 다양한 식물이 살고 있어요.

열대 우림의 울창한 캐노피

다양한 식물을 먹이로 삼는 초식 동물과 초식 동물을 사냥하는 육식 동물도 살지요.
곤충과 균류, 조류도 사는데, 모두 식물을 삶의 터전으로 삼아요.
열대 우림의 연 강수량은 2000밀리미터가 넘어요.
이렇게 비가 많이 오면 흙에 있는 좋은 영양분이 모두 씻겨 내려가
흙에는 중금속같이 생물에게 해가 되는 물질만 남아요.
그래서 열대 우림의 바닥에는 풀이 없어요.
대신 비가 날라 주는 먼지 속에 든 양분을 나무가 흡수해 품고 있어요.
나무가 저장한 양분과 물이 없다면 열대 우림의 생태계는 지속될 수 없어요.
열대 우림에서 나무를 잘라 숲을 파괴하면 나무늘보만 사라지는 것이 아니에요.
생태계를 이루는 생물들이 모두 사라져요. 그리고 아무것도 남지 않아요.

구불구불한 강이 흐르는 아마존 열대 우림

열대 우림의 나무줄기에 자라난 균류

글 이지유

서울대학교에서 지구과학교육과 천문학을 공부했습니다. 어린이와 청소년을 위한 과학 글을 쓰고 좋은 책을 찾아 우리말로 옮기는 일을 합니다. 지은 책으로 《용감한 과학자들의 지구 언박싱》, 《집요한 과학자들의 우주 언박싱》, 《식량이 문제야!》, 《내 이름은 파리지옥》, 《별똥별 아줌마가 들려주는 과학 이야기》 시리즈 등이 있고, 옮긴 책으로는 《이상한 자연사 박물관》, 《꿀벌 아피스의 놀라운 35일》 등이 있습니다.

그림 김슬기

홍익대학교에서 도예를 전공하고 일본 DIC 컬러 디자인 스쿨에서 컬러 디자인과 색채 심리를 공부했습니다. 쓰고 그린 책으로 《모모와 토토》, 《모모와 토토 하트하트》, 《어떻게 먹을까?》, 《뭐 하고 놀까?》, 《촉촉한 여름 숲길을 걸어요》 등이 있습니다. 앤서니 브라운 그림책 공모전 대상과 나미콩쿠르 특별상을 수상했고, 볼로냐국제아동도서전에서 '올해의 일러스트레이터'로 선정되었습니다.

나의 첫 환경책 2 — **내 털은 나뭇잎 색이야**

1판 1쇄 발행일 2025년 1월 27일

글 이지유 | **그림** 김슬기 | **발행인** 김학원 | **편집** 박현혜 | **디자인** 장혜미

저자·독자 서비스 humanist@humanistbooks.com | **용지** 화인페이퍼 | **인쇄** 삼조인쇄 | **제본** 다인바인텍

발행처 휴먼어린이 | **출판등록** 제313-2006-000161호(2006년 7월 31일) | **주소** (03991) 서울시 마포구 동교로23길 76(연남동)

전화 02-335-4422 | **팩스** 02-334-3427 | **홈페이지** www.humanistbooks.com

ISBN 978-89-6591-599-7 74400

ISBN 978-89-6591-597-3 74400(세트)

• **사용연령 6세 이상** 종이에 베이거나 긁히지 않도록 조심하세요. 책 모서리가 날카로우니 던지거나 떨어뜨리지 마세요.